世界古典建筑艺术

EUROPEAN CLASSICAL ARCHITECTURAL DETAILS

欧洲古典建筑细部

SCAN EUROPEAN CLASSICAL ARCHITECTURAL DETAILS' CHARM

透视欧洲古典建筑细部的魅力

（三）

古典主义、新古典主义

聚艺堂文化有限公司 编著

中国林业出版社
China Forestry Publishing House

图书在版编目（CIP）数据

欧洲古典建筑细部. 3 / 聚艺堂文化有限公司 编著. -- 北京：中国林业出版社, 2013.1

ISBN 978-7-5038-6933-4

Ⅰ. ①欧… Ⅱ. ①聚… Ⅲ. ①古典建筑—建筑设计—细部设计—欧洲—图集 Ⅳ. ①TU-883

中国版本图书馆CIP数据核字(2013)第011637号

“欧洲古典建筑细部”编委会

中国林业出版社 · 建筑与家居出版中心

责任编辑：纪　亮　李丝丝　李　顺

出版：中国林业出版社 （100009 北京西城区德内大街刘海胡同 7 号）
网址：www.cfph.com.cn
E-mail：cfphz@public.bta.net.cn
电话：（010）8322 5283
发行：新华书店
印刷：北京利丰雅高长城印刷有限公司
版次：2013年5月第1版
印次：2013年5月第1次
开本：230mm×305mm　1/16
印张：14
字数：150千字
本册定价：249.00 元（全套定价：996.00元 ）

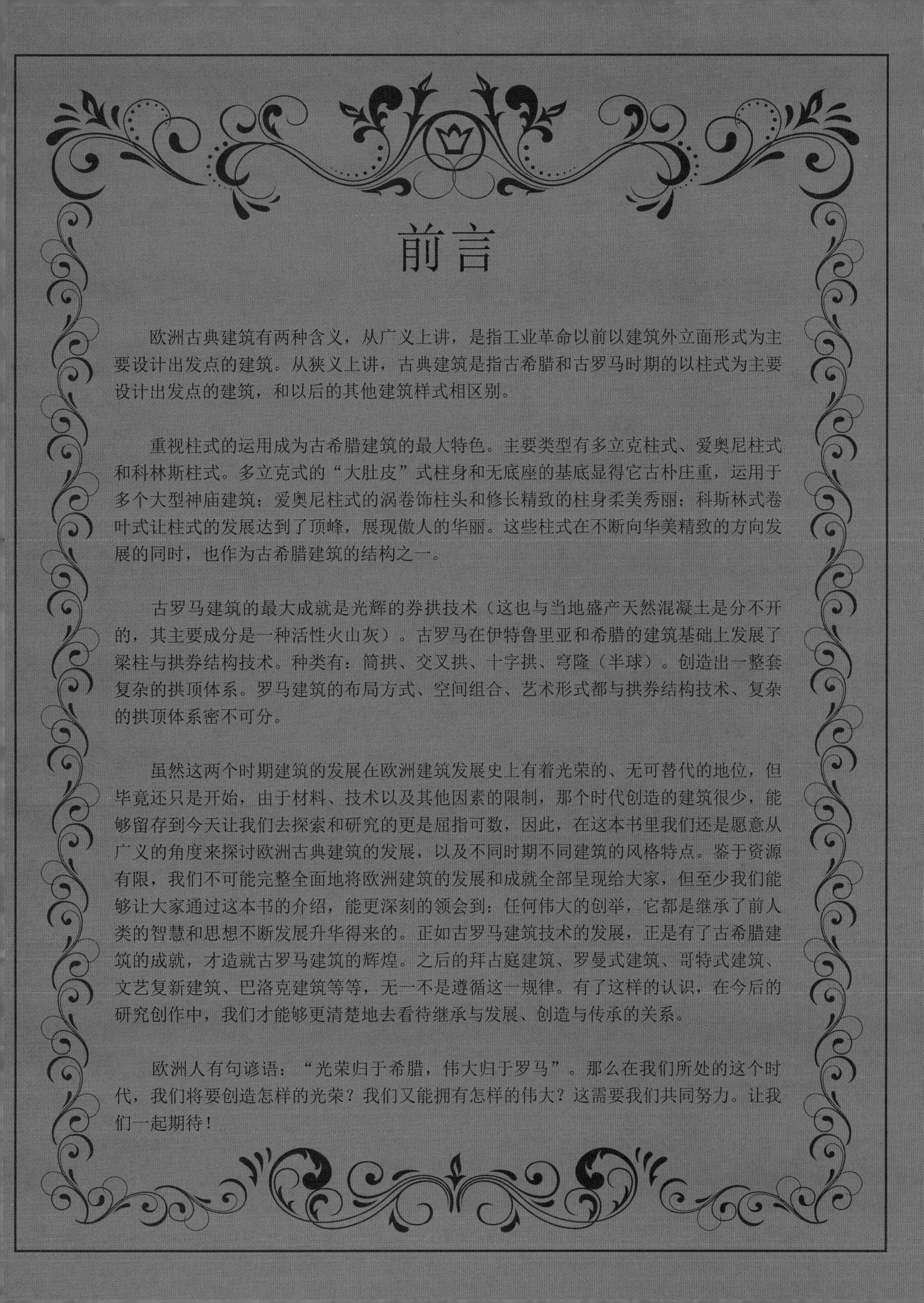

前言

欧洲古典建筑有两种含义，从广义上讲，是指工业革命以前以建筑外立面形式为主要设计出发点的建筑。从狭义上讲，古典建筑是指古希腊和古罗马时期的以柱式为主要设计出发点的建筑，和以后的其他建筑样式相区别。

重视柱式的运用成为古希腊建筑的最大特色。主要类型有多立克柱式、爱奥尼柱式和科林斯柱式。多立克式的“大肚皮”式柱身和无底座的基底显得它古朴庄重，运用于多个大型神庙建筑；爱奥尼柱式的涡卷饰柱头和修长精致的柱身柔美秀丽；科斯林式卷叶式让柱式的发展达到了顶峰，展现傲人的华丽。这些柱式在不断向华美精致的方向发展的同时，也作为古希腊建筑的结构之一。

古罗马建筑的最大成就是光辉的券拱技术（这也与当地盛产天然混凝土是分不开的，其主要成分是一种活性火山灰）。古罗马在伊特鲁里亚和希腊的建筑基础上发展了梁柱与拱券结构技术。种类有：筒拱、交叉拱、十字拱、穹隆（半球）。创造出一整套复杂的拱顶体系。罗马建筑的布局方式、空间组合、艺术形式都与拱券结构技术、复杂的拱顶体系密不可分。

虽然这两个时期建筑的发展在欧洲建筑发展史上有着光荣的、无可替代的地位，但毕竟还只是开始，由于材料、技术以及其他因素的限制，那个时代创造的建筑很少，能够留存到今天让我们去探索和研究的更是屈指可数，因此，在这本书里我们还是愿意从广义的角度来探讨欧洲古典建筑的发展，以及不同时期不同建筑的风格特点。鉴于资源有限，我们不可能完整全面地将欧洲建筑的发展和成就全部呈现给大家，但至少我们能够让大家通过这本书的介绍，能更深刻的领会到：任何伟大的创举，它都是继承了前人类的智慧和思想不断发展升华得来的。正如古罗马建筑技术的发展，正是有了古希腊建筑的成就，才造就古罗马建筑的辉煌。之后的拜占庭建筑、罗曼式建筑、哥特式建筑、文艺复新建筑、巴洛克建筑等等，无一不是遵循这一规律。有了这样的认识，在今后的研究创作中，我们才能够更清楚地去看待继承与发展、创造与传承的关系。

欧洲人有句谚语：“光荣归于希腊，伟大归于罗马”。那么在我们所处的这个时代，我们将要创造怎样的光荣？我们又能拥有怎样的伟大？这需要我们共同努力。让我们一起期待！

目录

古典主义建筑

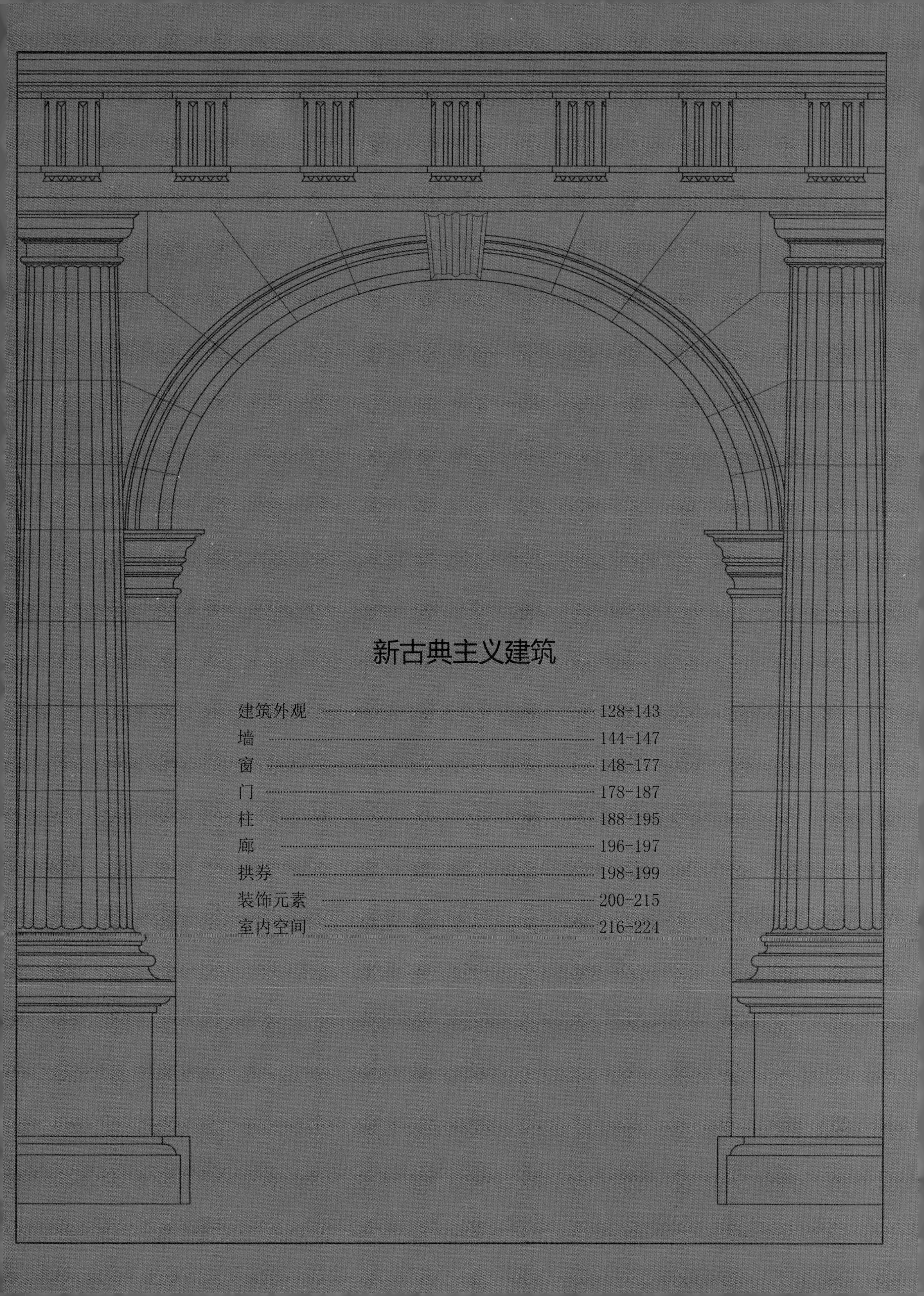

新古典主义建筑

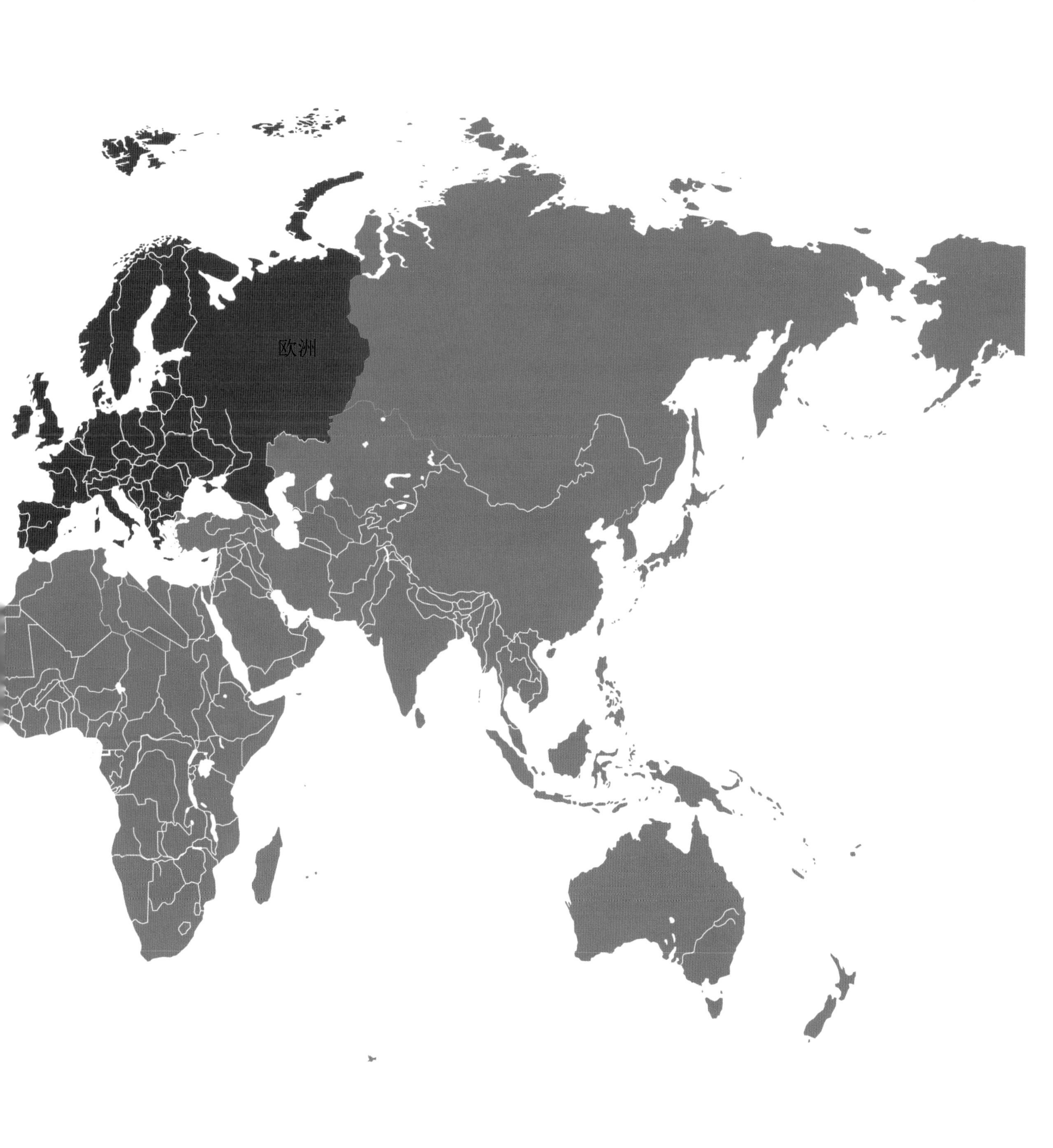
欧洲

CLASSICAL
古典主义建筑
《欧洲古典建筑细部》
ARCHITECTURE

古典主义建筑

（时间：公元17～18世纪）

概貌

广义的古典主义建筑指在古希腊建筑和古罗马建筑的基础上发展起来的意大利文艺复兴建筑、巴洛克建筑和古典复兴建筑，其共同特点是采用古典柱式。狭义的古典主义建筑指运用“纯正”的古希腊、古罗马建筑、意大利文艺复兴建筑样式和古典柱式的建筑，主要是法国古典主义建筑，以及其他地区受它的影响的建筑。古典主义建筑通常是指狭义而言的。

17世纪下半叶，法国文化艺术的主导潮流是古典主义。古典主义美学的哲学基础是唯理论，认为艺术需要有严格的像数学一样明确清晰的规则和规范。同当时在文学、绘画、戏剧等艺术门类中的情况一样，在建筑中也形成了古典主义建筑理论。法国古典主义理论家J.F.布隆代尔说：“美产生于度量和比例”。他认为意大利文艺复兴时代的建筑师通过测绘研究古希腊罗、古马建筑遗迹得出的建筑法式是永恒的金科玉律。他还说：“古典柱式给予其他一切以度量规则”。古典主义者在建筑设计中以古典柱式为构图基础，突出轴线，强调对称，注重比例，讲究主从关系。巴黎卢佛尔宫东立面的设计突出地体现古典主义建筑的原则，凡尔赛宫也是古典主义的代表作。

古典主义建筑以法国为中心，向欧洲其他国家传播，后来又影响到世界广大地区，在宫廷建筑、纪念性建筑和大型公共建筑中采用更多，而且18世纪60年代到19世纪又出现古典复兴建筑的潮流。世界各地许多古典主义建筑作品至今仍然受到赞美。但古典主义不是万能的，更不是永恒的。19世纪末和20世纪初，随着社会条件的变化和建筑自身的发展，作为完整的建筑体系的古典主义终于逐渐为其他的建筑潮流所替代。但是，古典主义建筑作为一项重要的建筑文化遗产，建筑师们仍然在汲取其中有用的因素，用于现代建筑之中。

特点

文艺复新建筑和古典主义建筑二者同为复古，学习古希腊、古罗马的建筑成就，但是，前者的建筑活动兼收并蓄，开拓创新，在原有基础上创造了自我的风格，达到了新的高度；而后者的建筑，着力于精益求精地制定规则，宣扬理性，和谐，把风格变成了教条，落入了形而上学的框框；古典主义建筑的严谨的规范和理论对后世影响巨大，成为古代建筑史与现代建筑是承前启后的部分。概括起来古典主义建筑有如下特点：

1. 纯粹的集合结构与数学关系--绝对的规则。
2. 决定建筑造型的唯一要素是比例。
3. 审美经验来源于理性判断，而非感性认识，可以以数学理论代替审美经验。
4. 崇拜古典建筑，强调整体的比例关系。
5. 反对巴洛克艺术，是因为它的非理性特点。
6. 政治意图明显，服务于专制君主。
7. 推崇古典柱式，制定更加严格的规范和等级。
8. 根据帕拉迪奥的理论，强调轴线关系、主从关系（常以穹顶作为构图的主要重点）、讲求和谐配衬。
9. 倡导理性，主张真实，反对建筑的情感表现。
10. 反对建筑师沉溺于装饰、沉溺于个人习惯趣味、沉溺于繁冗的细节。

MDCCCCIV

PAVILLON SULLY

PAVILLON SULLY

墙

墙：古朴、典雅、稳重

法国古典主义理论家J.F.布隆代尔说“美产生于度量和比例”。 所以在建筑风格上注重造型的体量感和外在的比例，这在墙方面体现也很明显。古典主义建筑外墙一般采用灰色的石材铺就而成，建筑物底层多采用粗琢的石料，故意留下粗糙的砍凿痕迹。外墙多用石材或仿石材装饰。

窗

窗：对称、分割成网格小窗

古典主义建筑的窗户很小而且离地面较高，采光少，里面光线昏暗，使其显示出神秘与超世的意境。窗上方均为半圆形。在外观上构成十字架形。每个窗户的装饰风格各异，或简单或复杂，甚至没有任何装饰。有的有大量的人物雕刻、山花及涡卷装饰。拱形窗户两边的竹子既装饰窗户又支撑了拱券。在窗框的周围有花纹装饰。

DT.J P15×H27×W196
640
56
75
312
387
30
34
480
60
640

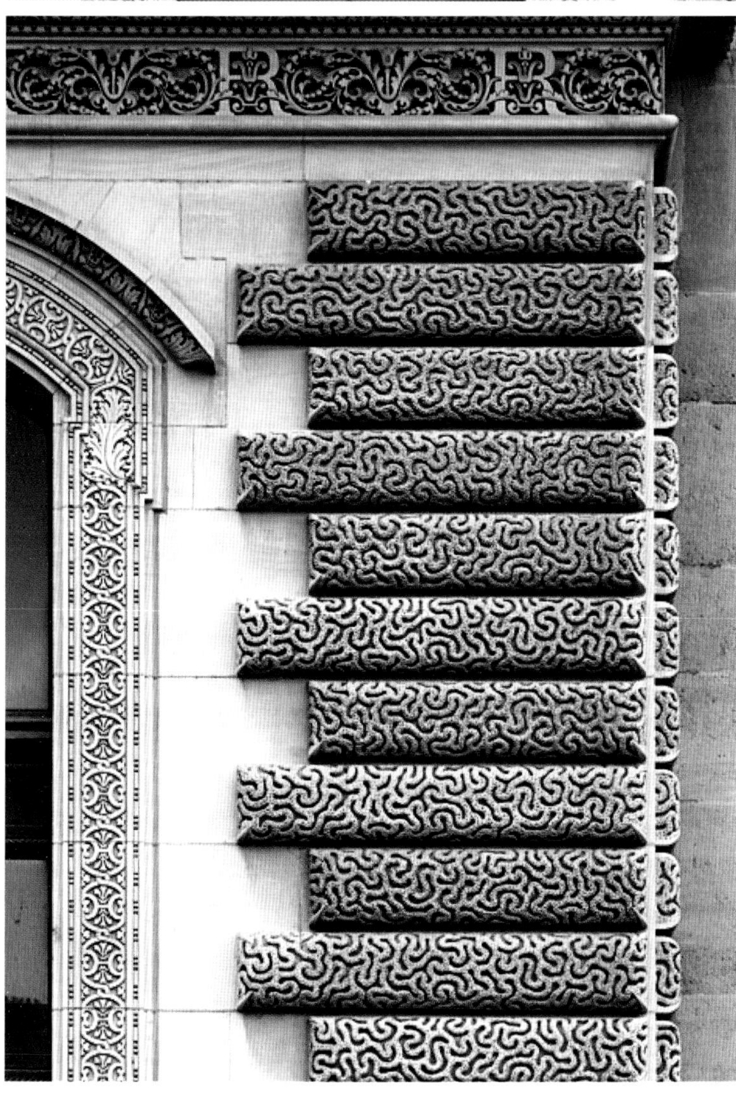

PAVILLON SULLY

AFRIQUE
ART

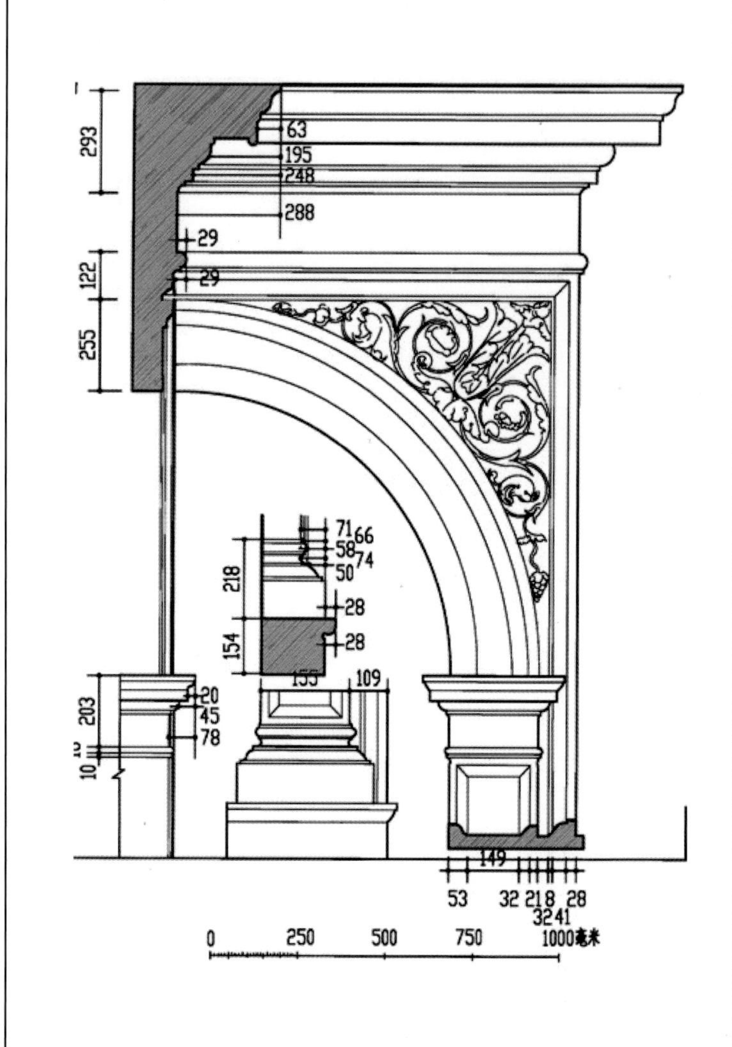
293
63
195
248
288
29
122
29
255
71
66
58
74
50
218
28
154
28
155
109
203
20
45
78
149
53
32
21
8
28
32
41
0
250
500
750
1000毫米

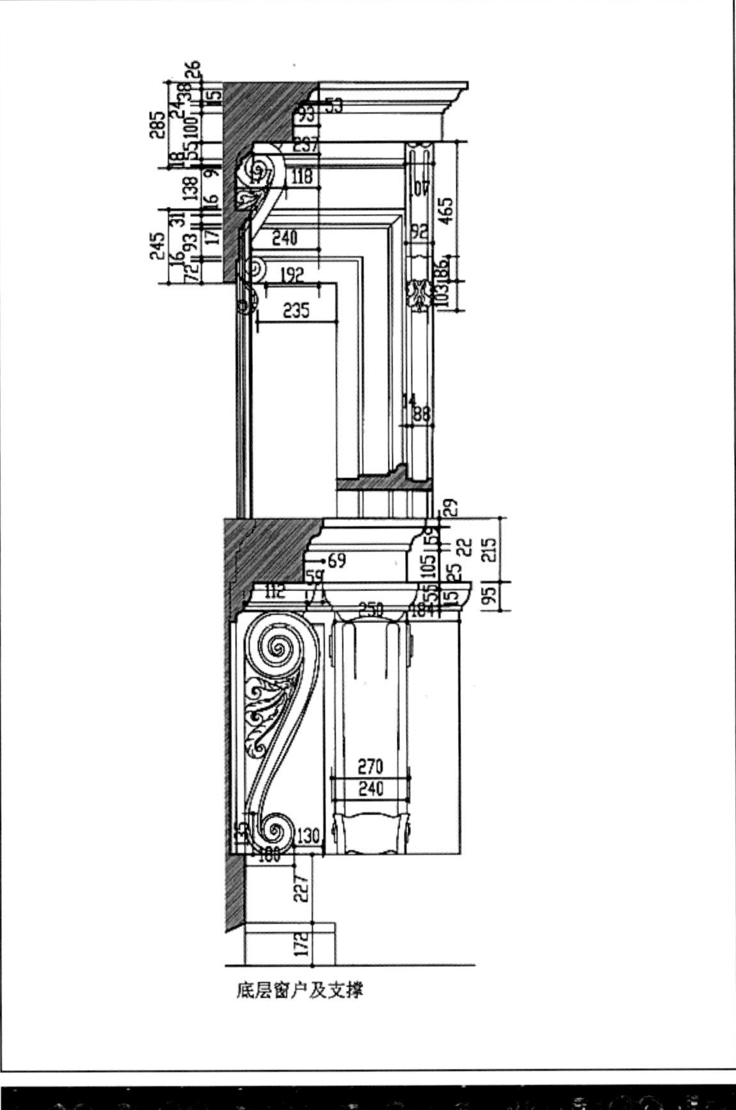

底层窗户及支撑

门

门：矩形、圆拱形

古典主义建筑的门窗采用对称的设计，不论是拱形门、矩形门还是铁艺门。一些玻璃门上几乎也被分成网格状，左右对称。门的四周有人物雕刻、山花或涡卷装饰。门上的装饰也形态各异。如：三形山墙或圆拱，或者是小窗洞，两边配有人物雕刻。门的两边有多立克式、科林斯式及组合的巨柱。铁艺门是金碧辉煌的巴洛克式风格，堆砌装饰，色彩艳丽。

PAVILLON TURGOT

LES ARTS DÉCORATIFS

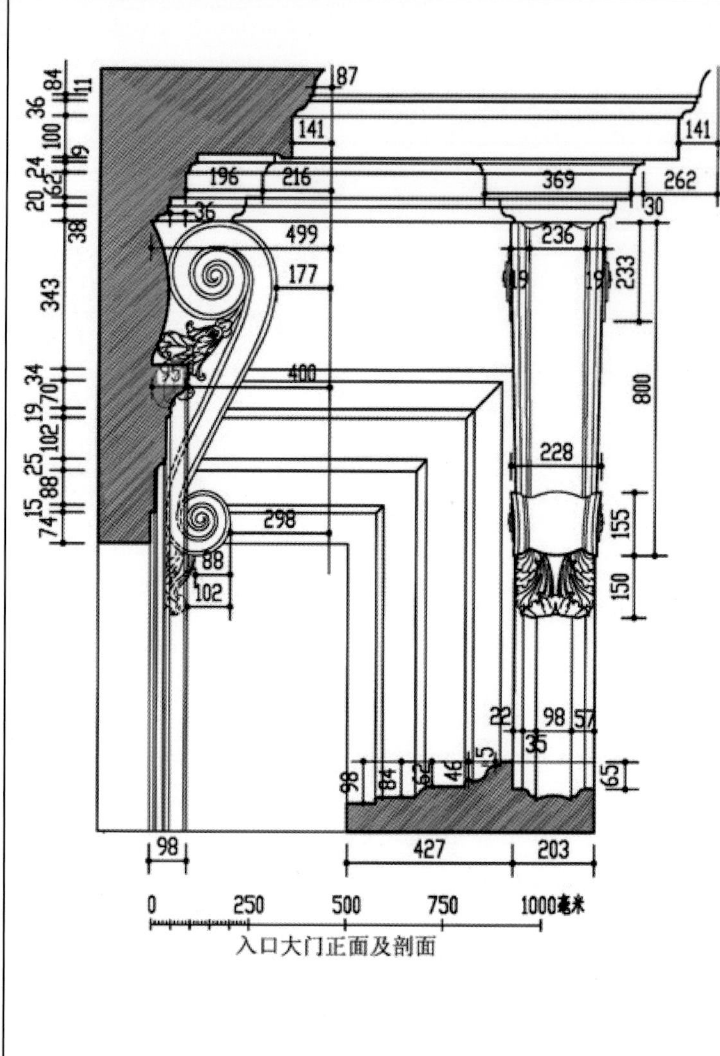

入口大门正面及剖面

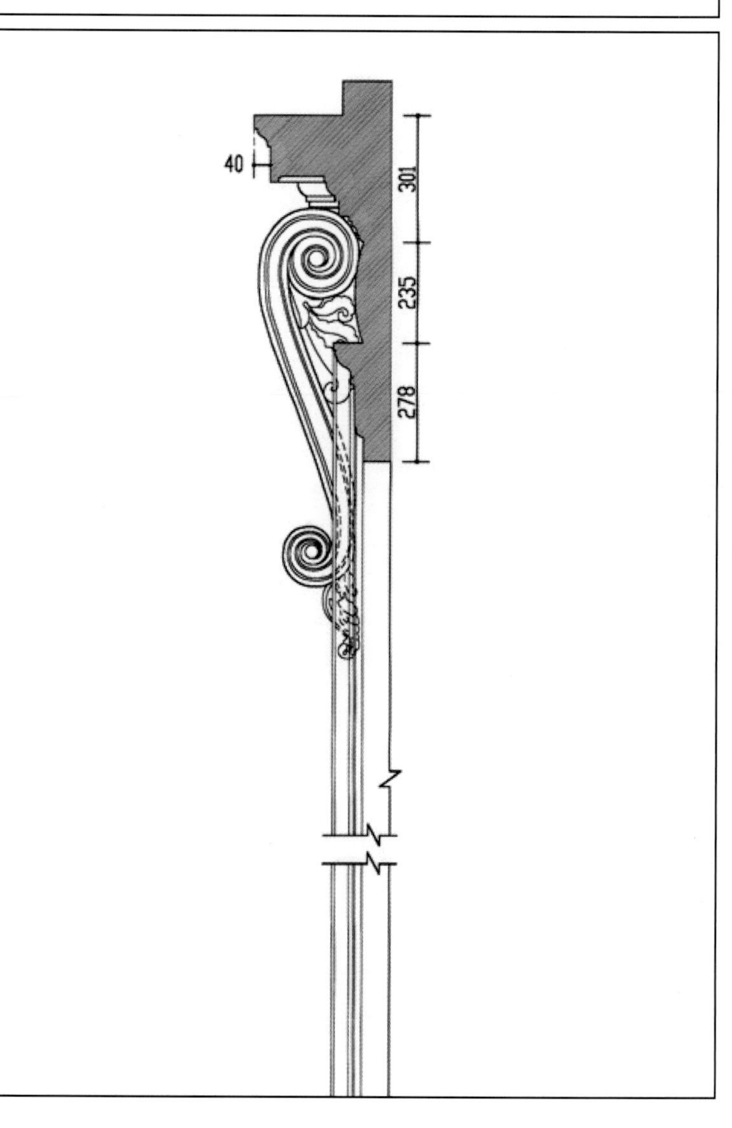

CŒLE
NCTA
HINC SAL
NA TORTORIS·NOMINE SANCXERU
VERVNT·
MENS XII·PONT·MAX·ANNO VII

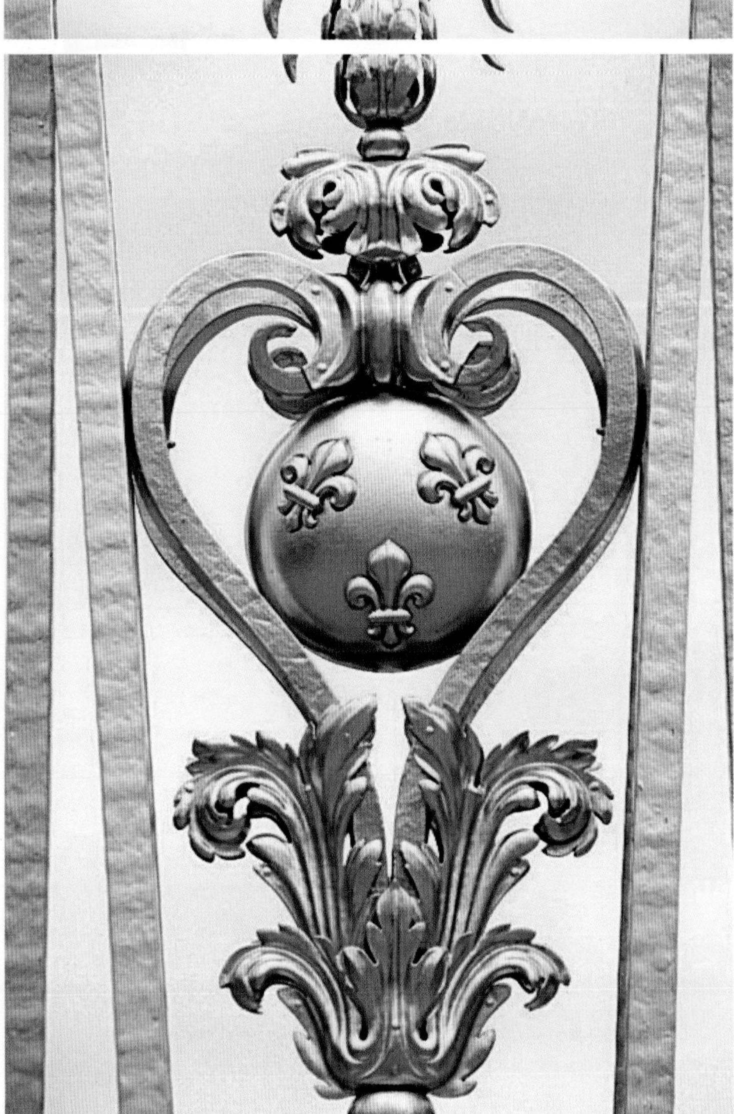

柱

柱：圆柱

古典主义建筑的外观给人一种敬畏、森严的感觉。柱子的中段为两层高的巨柱式柱子，采用双柱组合形成柱廊，具有很强的立体感。因此立面的结构层次十分清晰、明了。由于崇拜古罗马建筑，古典主义者对柱式推崇备至，崇尚柱式又标榜“合理性”、“逻辑性”反对柱式同拱券结合，主张柱式只能有梁柱结构的形式。用柱式控制整个构图，在法国的古典主义建筑中是最为主要的构图手段。柱的底座经常处理成基座，形成一套程式。巨柱式简化了构图，又使构图赋予变化，和谐统一。

古希腊建筑的爱奥尼柱式

CLEMENS XII·PONT·MAX

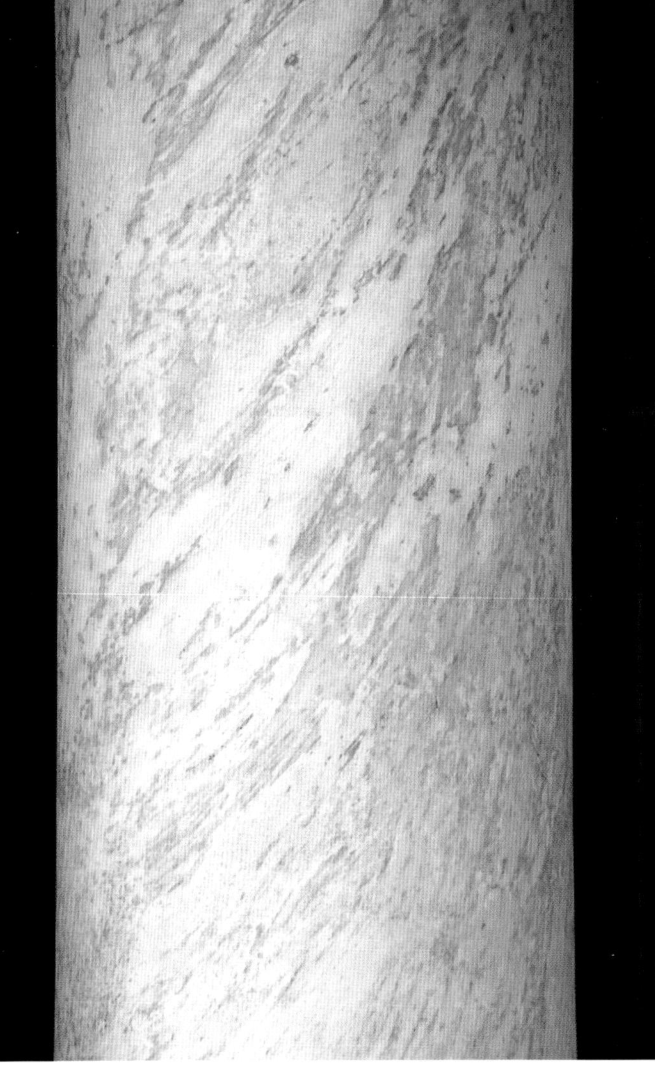

PAVILLON TURCOT
SACROS·LATERAN·ECCLES

SANCXERU
NCTA
FVERUNT
SIC NOS EX TOTO CONVERSI SVPPLICE VOTO

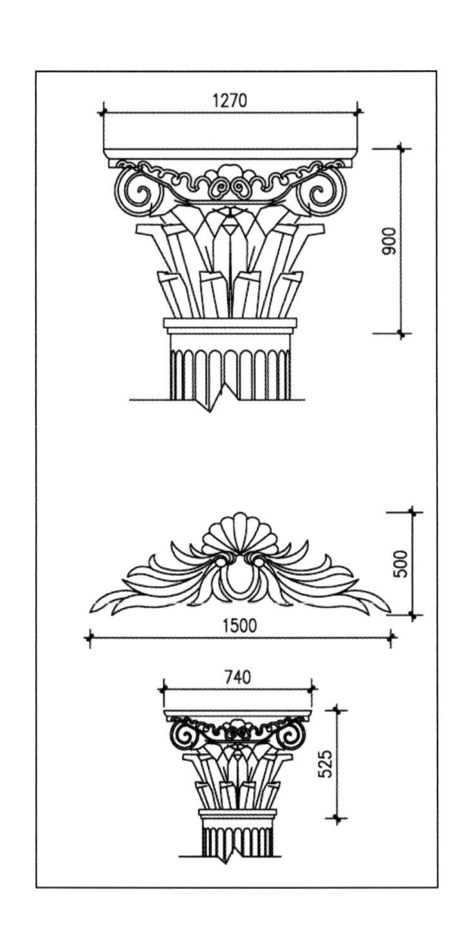
1270
900
500
1500
740
525

SACROS·LATERAN·ECCLES
OMNIVM VRBIS ET ORBIS
ECCLESIARVM MATER
ET CAPVT

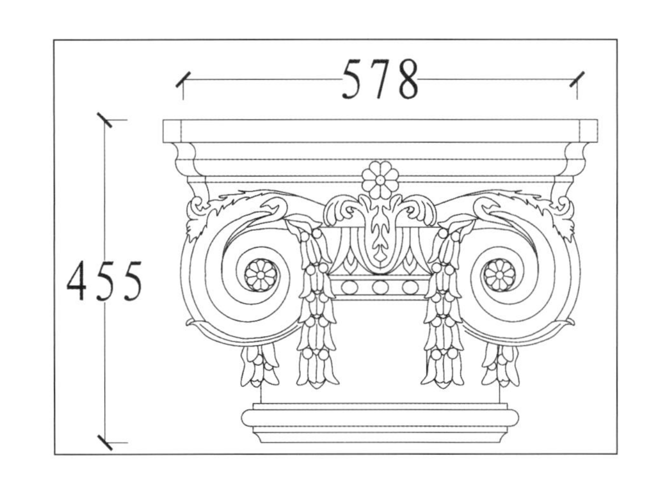
578
455

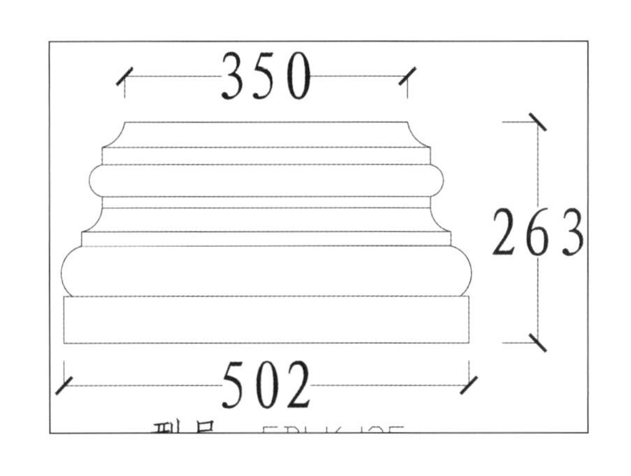
350
263
502

廊

廊：拱廊、柱廊

廊有方柱或圆柱一排排陈列而成，或是两边都是柱子，或是一边是柱子，一边是墙。廊的顶部一般是拱顶和平顶。拱顶上一般有连续的拱券和山花雕刻，平顶也有刻上凹凸有致的花纹转身，使顶部元素多元化。有的柱廊采用双柱形式以增加刚强感和空间开阔有力，且这种节奏的变化丰富了构图。

拱券

拱券：半圆形拱券

古典主义建筑风格是建造大跨度的拱券。半圆形的拱券结构深受基督教宇宙观的影响，在窗户、门、拱廊上都采取了这种结构，甚至屋顶也是低矮的圆屋顶。有支撑在方柱或圆柱上的连续拱券，也有单个拱券。拱券的顶部有装饰，体现了建筑的华丽和高贵。其外部装饰以山花为主，下面有花瓶柱组成栏杆。支撑拱券的柱子有科林斯柱等，柱子的形态不同，有的呈螺旋状，有的则像融入墙的一部分，露出一半墙的位置。有以弧形线条装饰的拱券，也有用粗糙石块组成的拱券。

PAVILLON LESDIGUIERES

RISTO·SALVATO

740
5020
5630
7425
780

装饰元素

装饰构件：绘画、浮雕

作为荣华富贵的消费者和享受者，他们把巴洛克风格运用在建筑的内部装饰上，极尽奢华。应用透视的幻觉来增添层次和夸大的距离感；用波浪曲线与曲面，断折的檐部与山花，柱子的梳密排列来增强立面与空间凹凸起伏的活动感；大面积的天顶画、壁画、雕塑堆砌来刺激感官，制造脱离现实的感觉；古典元素抽象作符号，在建筑中，既作装饰又起到隐喻作用；粗细对比，雅俗对比十分明显。

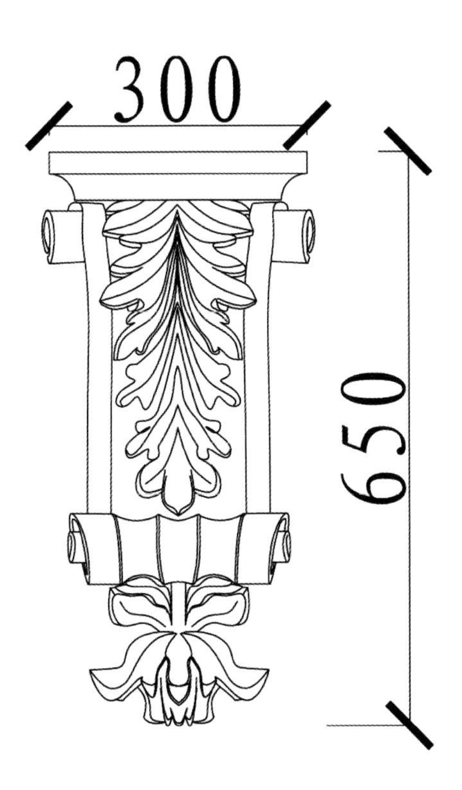
300
650

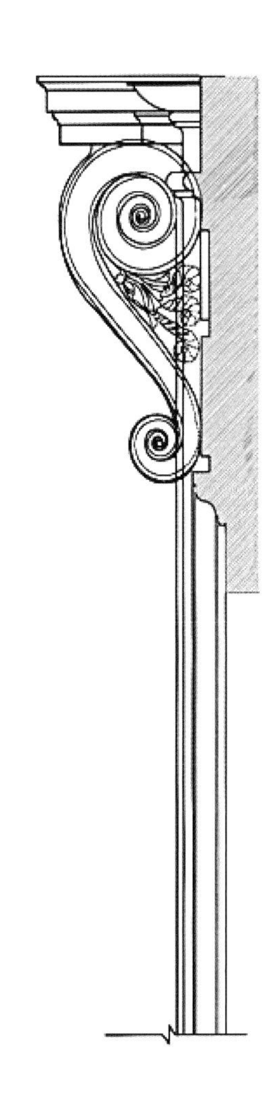

LEX

1700
1200
ø800柱4
1060
750
ø500柱4
400
900

C. D.

SACROS·LATERAN·ECCLES·
OMNIVM VRBIS ET ORBIS
ECCLESIARVM MATER
ET CAPVT

HENRY-
PAUTE

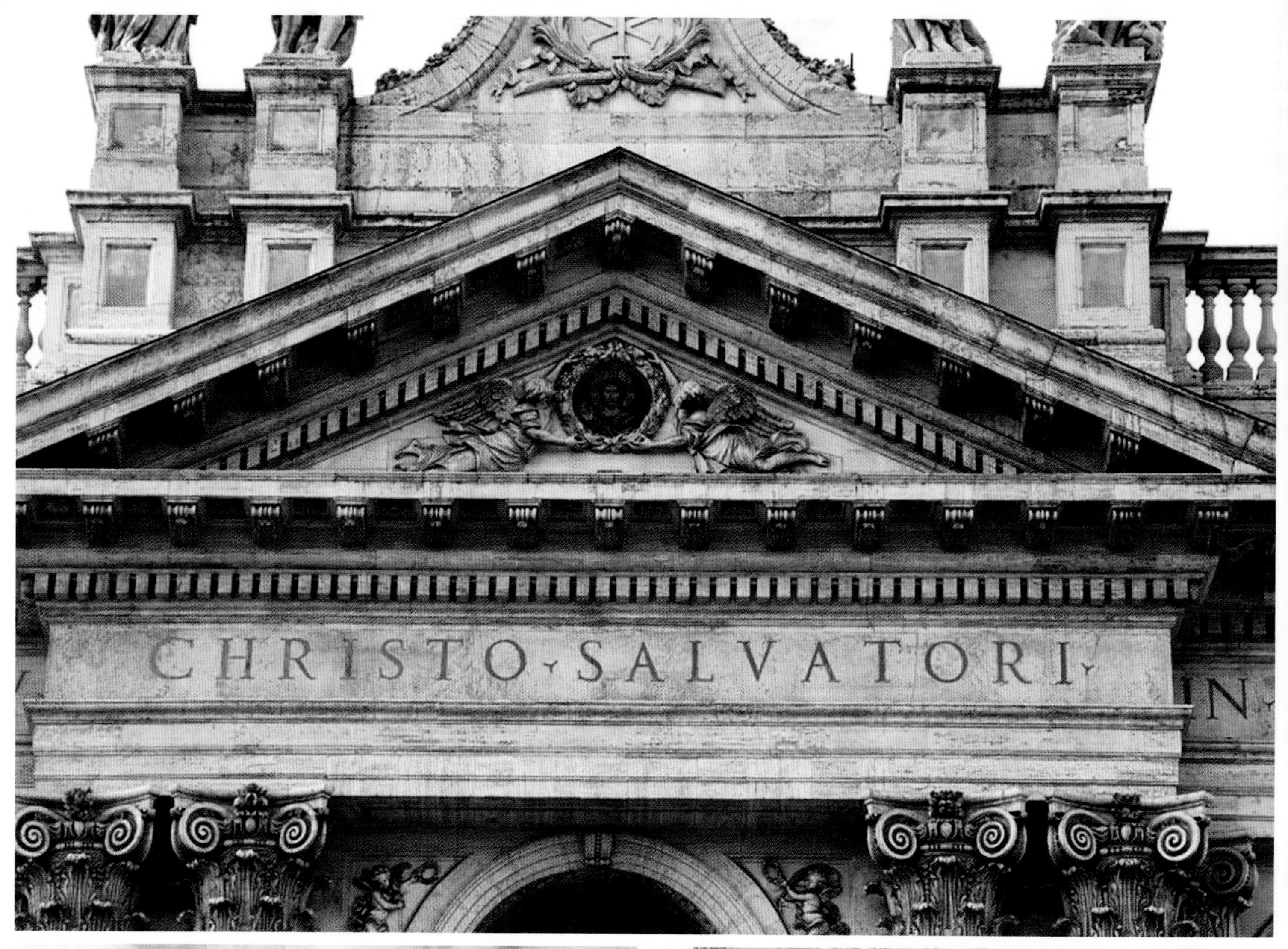
CHRISTO·SALVATORI·

CHRISTO·SALVATORI·

NS·XII·PONT

24

1878
1879

室内空间

室内空间：宽大、华丽

古典主义建筑的石拱顶结构，在艺术风格上，表现为堂内占有较大的空间，横厅宽阔、中殿纵深，与外表典雅、古朴相差甚远。室内采用形状各异但又呈现有机的序列的艺术表现形式。空间装潢华丽精巧，金碧辉煌。空间组合变化中又不失和谐统一。空间的造型从不同角度看又不一样。室内的走道螺旋式蜿蜒盘旋，不同窗户投射进来的光线，明暗交错更让人有一种神秘莫测的感觉。以山花、人像等装饰的肋拱拱顶也成对称的布局。

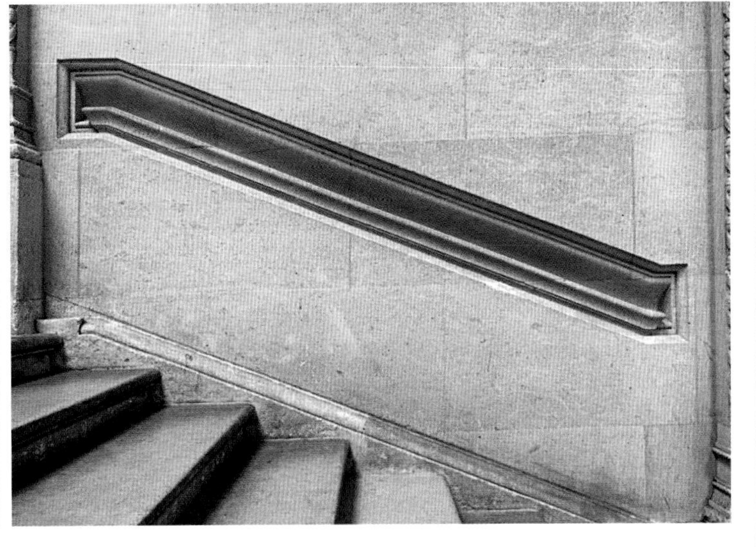

NEW CLASSICAL
新古典主义建筑

《欧洲古典建筑细部》

ARCHITECTURE

新古典主义建筑

（时间：公元18世纪60年代～19世纪）

概貌

所谓“新古典主义”，首先是遵循唯理主义观点，认为艺术必须从理性出发，排斥艺术家主观思想感情，尤其是在社会和个人利益冲突面前，个人要克制自己的感情，服从理智和法律，倡导公民的完美道德就是牺牲自己，为祖国尽责。艺术形象的创造崇尚古希腊的理想美；注重古典艺术形式的完整、雕刻般的造型，追求典雅、庄重、和谐，同时坚持严格的素描和明朗的轮廓，极力减弱绘画的色彩要素。“新古典主义”的“新”在于借用古代英雄主义题材和表现形式，直接描绘现实斗争中的重大事件和英雄人物，紧密配合现实斗争，直接为资产阶级夺取政权和巩固政权服务，具有鲜明的现实主义倾向。因此，新古典主义又称革命古典主义，它的杰出代表是达维德。

新古典主义建筑大体可以分为两种类型。一种是抽象的古典主义；一种是具象的或折衷的古典主义。前者以菲利普·约翰逊、格雷夫斯和雅马萨基的作品为代表；后者以摩尔和里卡多·波菲尔的作品为代表。

抽象的古典主义以简化的方法，或者说用写意的方法，把抽象出来的古典建筑元素或符号巧妙地融入建筑中，使古典的雅致和现代的简洁得到完美的体现。雅马萨基的西北国民人寿保险公司是以希腊式庙堂为原型的，可是，它的柱廊、檐部、拱券全部以一种简化的形式表现出来，简洁有力，朴实高雅；格雷夫斯的波特兰市政厅通过把古典元素平面化和色彩化的方法，在传统与现代的对立统一中，创造出一种富有张力的和谐；菲利普·约翰逊和博吉的美国电报电话公司总部，在一座充分显示现代技术和时代精神的摩天大楼中，通过三段式结构、顶部的山花、底部的拱券和圆窗、石头饰面，表现了文艺复兴时代建筑的典雅与高贵；平板玻璃公司总部则以更为娴熟的技巧，以现代技术和材料，以哥特式城堡的形式，创造出一座富有童话色彩的纪念碑。

具象的古典主义则不同。它既不是考据式的教条古典主义，也不是雅马萨基式的写意古典主义。在这类建筑中，建筑师可以充分表现自己浓厚的古典文化情趣和深厚的古典建筑功力，换句话说，可以采用地道的古典建筑细部，但决不是停留于亦步亦趋的模仿与抄袭。取精用弘、博采众长，色彩艳丽，装饰性强，是这类建筑的主要特点。具象式古典主义与抽象古典主义的写意性不同，它具有工笔画的特点，比抽象古典主义更细致、更精美、更富丽、更庄重，更富有历史感。但是，在这个没有英雄、没有权威的时代，任何将某一时代的建筑类型定于一尊的企图，是不可能有立锥之地的。虽然相对于抽象古典主义来说，具象古典主义更尊重它所模仿或隐喻的古典原型，但它们在采用古典细部时，一般都比较随意，而且可以在一幢建筑中引用多种历史风格。所以，同样的具象古典主义，文丘里多采用杂凑式，斯特恩多采用夸张与扭曲式、摩尔与波菲尔则采用细致、隆重的纪念式。

特点

新古典主义的设计风格其实是经过改良的古典主义风格。览尽所有设计思想、所有设计风格，无外乎是对生活的一种态度而已。为业主设计适合现代人居住，功能性强并且风景优美的古典主义风格时，能否敏锐地把握客户需求实际上对设计师们提出了更高的要求。无论是家具还是配饰均以其优雅、唯美的姿态，平和而富有内涵的气韵，描绘出居室主人高雅、贵族之身份。常见的壁炉、水晶宫灯、罗马古柱亦是新古典风格的点睛之笔。高雅而和谐是新古典风格的代名词。白色、金色、黄色、暗红是欧式风格中常见的主色调，少量白色糅合，使色彩看起来明亮、大方，使整个空间给人以开放、宽容的非凡气度，让人丝毫不显局促。新古典主义的灯具在与其他家居元素的组合搭配上也有文章。在卧室里，可以将新古典主义的灯具配以洛可可式的梳妆台，古典床头蕾丝垂幔，再摆上一两件古典样式的装饰品，如小爱神——丘比特像或挂一幅巴洛克时期的油画，让人们体会到古典的优雅与雍容。现在，也有人将欧式古典家具和中式古典家具摆放在一起，中西合璧，使东方的内敛与西方的浪漫相融合，也别有一番尊贵的感觉。新古典主义风格，更像是一种多元化的思考方式，将怀古的浪漫情怀与现代人对生活的需求相结合，兼容华贵典雅与时尚现代，反映出后工业时代个性化的美学观点和文化品位。

MOREAU
BRUIX
MICHAUD
GOUVIONS'CYR
NEY
MACDONALD
OUDINOT
DAVOUST
LANNES
MORTIER
BESSIERES
PONIATOWSKY
ROSILY
LAURISTON
VILLENEUVE
MOLITOR
GERARD
MAISON
MOUTON
LECOURBE
S^TE SUZANNE
FERINO
GRENIER
SCHAL
BOURCIER
RICHEPANCE
EBLE
MARESCOT
RAPP
SAVARY
DROUET
BERTRAND
MOREAUX
TURREAU
DESSOLES
BONET
COMPANS
MONTBRUN
LARIBOISSIERE
CUDIN
MORAND
LECRAND
LABOISSIERE
CHERIN
SORBIER
KIRCENER
DUROC
MME DUMAS
SONCIS
DESJARDINS
NANSOUTY
DELMAS
FRIRION
CLAPAREDE
BISSON
WALTHER
BOUDET
ROCHAMBEAU
DELZONS
CONROUX
D'HAUTPOUL
DESPAGNE
CORBINEAU
GRANDJEAN
CROS
CARRA S'CYR
DECOUZ
CURIAL
BEAUMONT
LT MAUBOURG
LASALLE
KLEIN
HEUDELET
DONZELOT
BELLAVESNE
TEULIE
FRESSINET
DEMONT
ABBATUCCI
BEAUPUY
VALHUBERT
DEBILLY
CAMPANA
GAUTIER
CAULAINCOURT
LACUEE
HIGONET
MORLAND
MAZAS
VIALA
ARMEES DU DANUBE·D'HELVETIE·DES GRISONS·DES ALPES·DU VAR·D'ITALIE·DE

K.K.HOFBURGTHEATER

Casino

GENERALI

ANNO
MDCCCVC

墙

墙：简洁、古朴

古典复兴时期的建筑简洁明快，取代过去繁琐装饰，所以墙面也就采用浅色或浅灰色石材铺砌。在风格上新古典主义与古典主义相差无几，构图规整、经典而传统的建筑符号。墙的下层一般采用重块石或画出仿古砌的线条，凸显雄伟壮观。外墙材料采用石材与大面积高级外墙砖搭配处理，再精确分割模仿古典砖墙的手工效果，关键部位都用石材装饰，体现了建筑的厚重庄严。

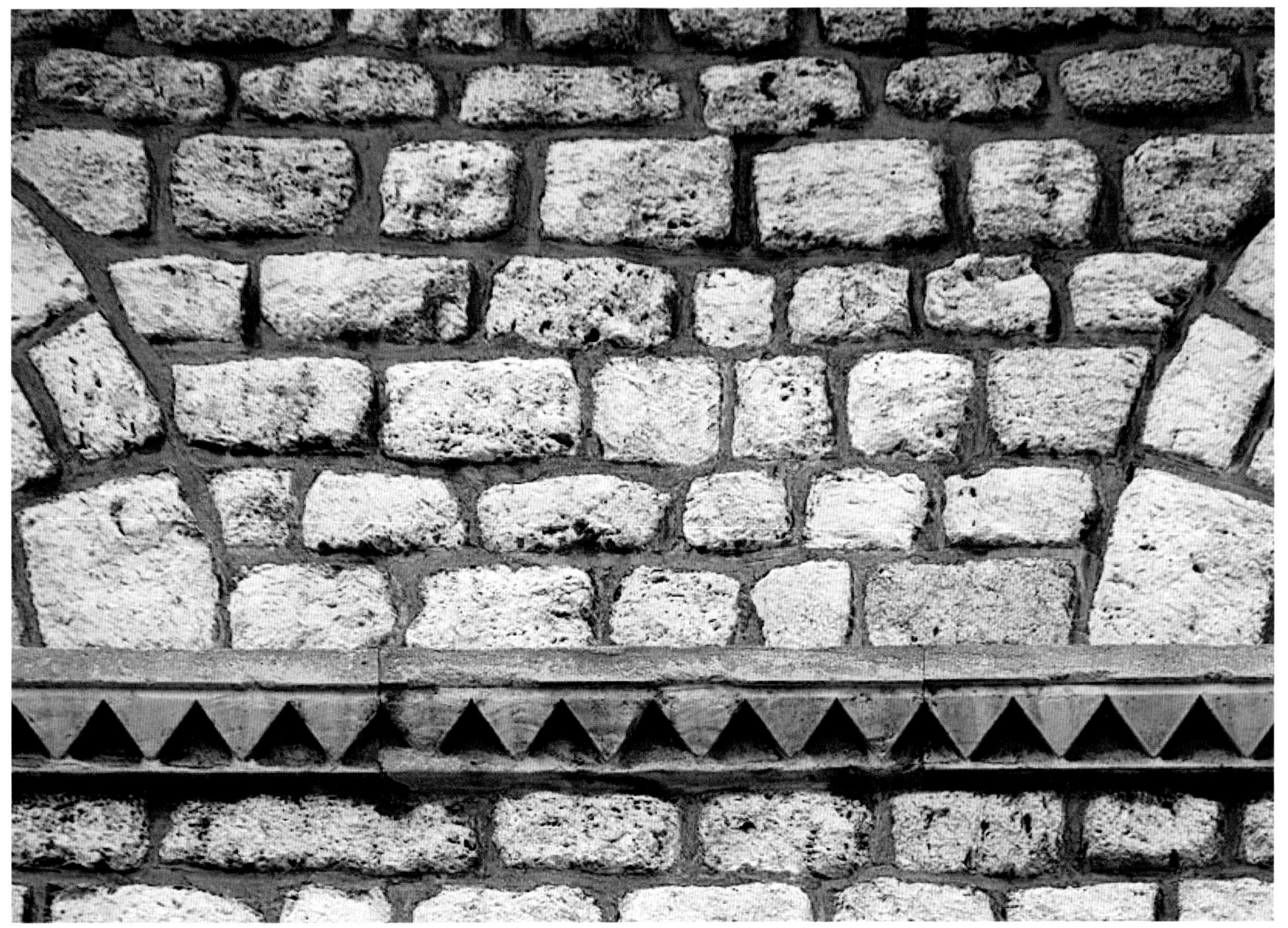

1.,S

窗

窗：拱形窗、矩形窗

新古典主义建筑摒弃了古典主义时期珠光宝气，繁琐复杂的风格。窗的设计简洁明快，融入了古典建筑的元素。窗户上的各类装饰也彰显了古典的雅致。以写意的方法把抽象的古典主义加以简化巧妙地融入建筑中，营造一种富有张力的和谐美，使古典的元素得以表现出来，在窗的两边也常常会是柱式的组合，粗旷之中不乏细腻在每个窗户上都体现的如此完美。

WIRTSHAUS
AYINGERS
Speis & Trank
WIRTSHAUS

PAUL & SHARK
PAUL & SHARK
PAUL & SHARK
W
BARTOLOTTI-
PARTENFELD

Die Stadt der Lieder war erblüht
An Frohsinn reich, an Gemüth

门

门：方形、拱形门

在门的设计上新古典主义建筑还是简洁的风格为主，装饰不多。造型仍是方形和矩形。方形门上依然沿袭古典主义时期的三角形山墙，拱形门则采用圆拱形式。门的四周装饰有山花、涡卷及人物的雕像。门的材质上一般是木门、铁门、铁艺门和玻璃门。木门上配以简单的装饰，或缀满涡卷、山花、人像等。铁艺门比较复杂，总体来说都能体现复古庄重和简洁感。

WeltBurgDorf
Eingang Führungen
Führung: „Hinter den Kulissen des Burgtheaters"
Führung: „Klimt im Burgtheater - Angelika Prokopp Foyer"

CASERNE DE LA CITÉ

Bitte
Einfahrt
freihalten

CASERNE DE LA CITÉ

GARDE DE PARIS

柱

柱：圆柱、方柱、半壁柱

新古典主义建筑基本采用希腊或古罗马柱式，像多立克柱式、爱奥尼柱式 、科林斯柱式等。以多立克柱式多见，体现了建筑的雄壮、朴素美。而爱奥尼柱式则以柔美、轻快见长，科林斯柱式则给人一种华丽、复杂的装饰美感。有的在长廊上呈现一排排的巨柱，形式各异甚至有的会效仿希腊时期的女郎雕像柱，让整个建筑生气盎然。柱身被赋予了多种多样的装饰，不失优美典雅，雄伟壮丽。

I. Stadt
Tuchlauben

HIRMER
HIRMER
STUDIO

SEIDLER GESCHAFFEN
1945 ZERSTÖRT. VON
REKONSTRUIERT

廊

廊：柱廊、拱廊

不管是拱廊还是柱廊都是有一些简单的长列多立克柱子以及科林斯柱呈直线或环形构成。每条走廊几乎被设计成等长等面积的，所以每层楼的设计也就是对称的。拱廊的外部有连续的劵和整齐的圆柱及方柱构成，劵上有几层弧形条状装饰，从廊里面的顶部，拱顶由一组一组肋拱组成，四周辅以彩绘或雕刻装饰，平顶的则是柱子直撑顶部。

拱券

拱券：半圆形拱券

半圆形的拱券为古罗马建筑的重要特征。柱式同拱券的组合，券柱式和连续券。除了良好的承重特性外，还起着装饰美化的作用。古罗马人将梁柱与拱券相结合，形成券柱式。在古罗马标志性建筑中都能发现这种经典的结构。如万神庙、凯旋门、角斗场等等。拱券常常出现在门窗上或是廊上、墙上。古罗马建筑的十字拱和筒形拱完美结合成熟时，古罗马建筑成功地向前迈进一大步。

装饰元素

装饰构件：浮雕、拱券、山花

新古典主义建筑采用严谨的古希腊、古罗马的建筑形式，更多的是承载了文化职能，是对古希腊、古罗马文化的展示。在装饰构件上新古典主义建筑以简洁明快，质朴的风格见长，摒弃了巴洛克、洛可可建筑盛行的宫廷和贵族府邸之中珠光宝气，繁琐复杂的装饰。正面一般为三角形的山墙，立面主要装饰是山花，并有人物的雕刻雕塑。

Was ihr wollt

E

CIVIVM LIBERTATI

ERNEUERT

ANSICHT DER OSTSEITE
D. ALTEN RATHAUSES V. J. 1779-1862
ZUR RECHTEN D. STADTSCHREIBEREI
UND DAS OBERRICHTERAMT
VOM JAHRE 1595 BIS ZUM ANFANGE
DES XIX JAHRHUNDERTS

室内空间

室内空间：人性化

新古典主义建筑在建筑平面、空间的设计上有了相当的自由度，摒弃了古典主义的清规戒律，少了神学气息，把冷冰冰的建筑物赋予了人情的空间，开辟了一种社会与自然的对话的空间，给人以开放和宽容的气度。新古典主义不以追求形象为宗旨，而是希望达到神似的效果。内部的装饰的简洁质朴与外观简单相匹配。室内穹顶上布满方格和圆圈及人物雕像装饰，拱顶有时是肋拱，由一排圆柱或是方柱支撑展现宏大的不失古典的气息。

AD MAIOREM DEI GLORIAM

THIS·BUST·IS·THE·GIFT·OF·T·T·FAULKNER·ESQ
SWIFT

SWIFT.
Decan: 1713